普通高等教育"十三五"工程训练系列规划教材

工程训练实训报告

第 2 版

主编　张玉华　杨树财
参编　徐雯雯　孙汝苇　王　贯
主审　司乃钧

机械工业出版社

本书共 11 章，包括工程材料与钢的热处理实训报告、切削加工基础知识实训报告、铸造成形实训报告、焊接成形实训报告、车削加工实训报告、铣削加工实训报告、磨削加工实训报告、钳工实训报告、数控车削加工实训报告、数控铣削加工实训报告以及电火花线切割实训报告等内容。本书具有较高的实用价值，便于学生在工程训练中巩固已掌握的实践知识，同时也方便指导教师对学生进行工程训练考核。本书不仅适用于普通高等院校工程训练课程的教学，而且还可以作为学生认识实习、生产实习等实践训练的补充教材。

图书在版编目（CIP）数据

工程训练实训报告/张玉华，杨树财主编. —2 版. —北京：机械工业出版社，2019.4（2024.1 重印）
普通高等教育"十三五"工程训练系列规划教材
ISBN 978-7-111-62329-8

Ⅰ.①工… Ⅱ.①张… ②杨… Ⅲ.①机械制造工艺-高等学校-教学参考资料 Ⅳ.①TH16

中国版本图书馆 CIP 数据核字（2019）第 051517 号

机械工业出版社（北京市百万庄大街 22 号　邮政编码 100037）
策划编辑：丁昕祯　责任编辑：丁昕祯　王勇哲
责任校对：张　力　封面设计：张　静
责任印制：李　昂
北京捷迅佳彩印刷有限公司印刷
2024 年 1 月第 2 版第 7 次印刷
184mm×260mm・4.5 印张・103 千字
标准书号：ISBN 978-7-111-62329-8
定价：13.80 元

电话服务　　　　　　　网络服务
客服电话：010-88361066　机　工　官　网：www.cmpbook.com
　　　　　010-88379833　机　工　官　博：weibo.com/cmp1952
　　　　　010-68326294　金　书　网：www.golden-book.com
封底无防伪标均为盗版　机工教育服务网：www.cmpedu.com

前言

随着我国高等教育改革的逐步深入,工科院校的人才培养方向正由知识型向知识、能力、素质和创新思维综合型方向发展,以满足国家对高等技术人才的需求。

长期教学实践经验表明,工程实践是提高理工科学生综合素质、能力和创新思维的有效途径,而工程训练是大学生在校学习期间进行的首次比较系统而又典型的工程实践。工程训练不仅可以为大学生学习相关专业技术基础课和专业课打下基础,也可促使大学生获取一定的技术素养和能力,并初步建立工业生产的概念。工程训练的这种作用对教学科研型高校而言,更为突出和重要。

本书是根据教育部工程训练教学指导委员会的《工程训练教学基本要求》和教育部教学指导委员会"高等教育面向21世纪教学内容和课程体系改革计划"的基本要求,并结合哈尔滨理工大学工程训练教学大纲内容编写的。

在编写过程中,作者本着重视基础、强化实践、扩大知识面、从感性到理性以及理论联系实际的原则,突出能力培养,通过项目实训熟悉基础制造过程,获得初步的操作技能,巩固所学知识。

本书由哈尔滨理工大学工程训练中心组织编写,张玉华、杨树财任主编,司乃钧教授任主审。其中第1、3、4章由孙汝苇编写,第2、6章由张玉华编写,第7、11章由杨树财编写,第5、8章由徐雯雯编写,第9、10章由王贯编写。

在本书编写过程中,各位任课教师和出版社工作人员均付出了艰辛的劳动,提出了许多宝贵意见,在此向他们表示衷心的感谢!限于编者水平,加上时间仓促,书中难免有欠妥之处,恳请广大专家及读者批评指正。

目 录

前言
第1章 工程材料与钢的热处理实训报告 …………………………………………… 1
第2章 切削加工基础知识实训报告 ………………………………………………… 7
第3章 铸造成形实训报告 …………………………………………………………… 11
第4章 焊接成形实训报告 …………………………………………………………… 19
第5章 车削加工实训报告 …………………………………………………………… 25
第6章 铣削加工实训报告 …………………………………………………………… 31
第7章 磨削加工实训报告 …………………………………………………………… 37
第8章 钳工实训报告 ………………………………………………………………… 43
第9章 数控车削加工实训报告 ……………………………………………………… 49
第10章 数控铣削加工实训报告 …………………………………………………… 57
第11章 电火花线切割实训报告 …………………………………………………… 63
参考文献 ……………………………………………………………………………… 67

第1章

工程材料与钢的热处理实训报告

说明：本章共分 A、B、C 三卷，各专业请参阅下述具体要求，完成本专业相对应的实训报告。（注：A 卷为基础卷，B 卷为专业卷，C 卷为综合报告卷）

1. 机械类专业（四周）：完成 A 卷、B 卷、C 卷。
2. 近机械类专业（三周）：完成 A 卷、B 卷、C 卷。
3. 非机械类专业（两周）：完成 A 卷、C 卷。

A 卷
适用专业：机械类、近机械类、非机械类

1.1 判断题（每题 1 分，共 10 分）

1. 退火主要用于降低材料的硬度，便于切削加工。　　　　　　　　　　（　　）
2. 一般材料都具有热胀冷缩的性质。　　　　　　　　　　　　　　　　（　　）
3. 碳钢含有的主要元素是铁和碳。　　　　　　　　　　　　　　　　　（　　）
4. 钢的强度主要取决于钢中合金元素的含量。　　　　　　　　　　　　（　　）
5. 化学热处理是为了改变钢的表面组织。　　　　　　　　　　　　　　（　　）
6. 工件浸入冷却介质时，细长件应垂直浸入。　　　　　　　　　　　　（　　）
7. 塑料是一种应用很广泛的有机高分子化合物。　　　　　　　　　　　（　　）
8. T10 是代表碳素结构钢的一种材料牌号。　　　　　　　　　　　　　（　　）
9. 由于铸铁含有碳和杂质较多，故力学性能比钢差，不易于切削加工。（　　）
10. 淬火的保温时间完全取决于工件的尺寸大小。　　　　　　　　　　（　　）

1.2 单选题（每题 2 分，共 10 分）

1. 一般正火在（　　）中冷却，退火在（　　）中冷却，淬火在（　　）中冷却。
   A. 水或油　　　　　　B. 空气　　　　　　C. 炉
2. 碳素结构钢有（　　），碳素工具钢有（　　），优质结构钢有（　　）。

A. Q215　　　　　　　　B. 30　　　　　　　　C. T10A

3. 45钢的淬火加热温度应选择在（　　）。

A. 760~780℃　　　　　B. 800~820℃　　　　C. 840~860℃

4. 30钢中碳的质量分数平均为（　　）。

A. 0.30%　　　　　　　B. 3.0%　　　　　　　C. 30%

5. 金属材料中使用最多的是（　　）。

A. 黑色金属　　　　　　B. 有色金属　　　　　　C. 钢

1.3　填空题（每空1分，共22分）

1. 电阻加热炉在使用前，要检查其电源线路的＿＿＿＿＿是否良好，控制系统是否＿＿＿＿＿。

2. 常用的金属材料的力学性能指标有＿＿＿＿＿、＿＿＿＿＿、＿＿＿＿＿和＿＿＿＿＿。

3. 热处理加工工艺过程由＿＿＿＿＿、＿＿＿＿＿和＿＿＿＿＿组成。

4. 常用的热处理设备有＿＿＿＿＿、＿＿＿＿＿和＿＿＿＿＿。

5. 钢和铸铁的主要区别是含＿＿＿＿＿的质量分数不同，该元素在一般钢中所占的质量分数为＿＿＿＿＿，在铸铁中所占的质量分数为＿＿＿＿＿。

6. 钢的表面热处理包括＿＿＿＿＿和＿＿＿＿＿。

7. 机械工程材料可分为＿＿＿＿＿、＿＿＿＿＿、＿＿＿＿＿和＿＿＿＿＿。

8. 用电炉加热时，工件在进、出炉前应先＿＿＿＿＿，以防触电。

1.4　简答题

1. 根据下图的热处理工艺曲线，指出各曲线属于哪种热处理方法。（8分）

A—＿＿＿＿＿＿＿；B—＿＿＿＿＿＿＿；C—＿＿＿＿＿＿＿；D—＿＿＿＿＿＿＿。

2. 什么是热处理？钢的热处理的主要目的是什么？

（注：机械类、近机械类专业，5分；非机械类专业，10分）

3. 什么是金属材料的使用性能？使用性能主要包括哪些？
（注：机械类、近机械类专业，5分；非机械类专业，10分）

4. Q235、T12A 中的字母和数字各表示什么？
（注：机械类、近机械类专业，5分；非机械类专业，10分）

B 卷
适用专业：机械类、近机械类

1.1 判断题（每题1分，共5分）

1. 制造切削刀具常采用的热处理工艺是淬火后低温回火。（　）
2. 热处理使钢的性能发生改变，其主要原因是在加热和冷却过程中内部组织发生了改变。（　）
3. 钢经淬火后处于硬脆状态。（　）
4. 正火后钢的强度和硬度比退火后高。（　）
5. 对工件进行表面淬火，可使表面硬度高、耐磨，能够延长零件在复杂载荷下的使用寿命。（　）

1.2 简答题（每题5分，共10分）

1. 什么是金属材料的工艺性能？（5分）

2. 什么是退火？（5分）

1.3 综合题

工件经淬火后为什么要及时进行回火？回火温度如何选择？（10分）

C 卷
综 合 报 告

(注：机械类、近机械类专业，共 10 分；非机械类专业，共 20 分)

实训工种		实训日期	
实训内容		实训工位	
所用设备 名称、型号		所用工具、 刀具、量具	

简述实训内容与注意事项

本工种实训考核件名称

C卷
综合报告

第 2 章

切削加工基础知识实训报告

说明：本章为切削加工基础知识，需要各位同学在课前预习或课后练习过程中结合教材熟悉和了解相关知识点，完成相关基础知识的学习。本章不作为考核内容。

2.1 切削加工

1. 切削加工的分类

按工艺特征，可分为车削、铣削、钻削、镗削、铰削、刨削、插削、拉削、锯切、磨削、研磨、珩磨、超精加工、抛光、齿轮加工、蜗轮加工、螺纹加工、超精密加工、钳工和刮削等。

按材料切除率和加工精度，可分为粗加工、半精加工、精加工、精整加工、修饰加工和超精密加工等。

按表面形成方法，可分为刀尖轨迹法、成形刀具法和展成法三类。

2. 切削运动的形式

要完成零件表面的切削加工，刀具和工件应具有形成表面的基本运动，称为切削运动，切削运动即刀具和工件的相对运动。切削运动分为主运动和进给运动。

主运动：形成机床切削速度或消耗主要动力的工作运动，即在切削过程中刀具切下切屑所需的运动。

进给运动：提供连续切削可能性，使金属层不断投入切削，以加工出完整表面所需的运动。

3. 切削用量

切削用量包括切削速度、进给量和背吃刀量三个要素，简称切削三要素。针对不同的加工方法、加工工艺，需要选取不同的切削用量。

切削速度：切削刃上选定点在主运动方向上相对工件的瞬时速度，称为切削速度，即主运动速度。

进给量：在进给运动方向上，刀具相对工件的位移量，称为进给量，可用刀具或工件每转或每行程的位移量来表示和度量。

背吃刀量：主切削刃与工件切削表面接触长度在主运动方向和进给运动方向所组成平面的法线方向上测量的值，称为背吃刀量，也称切削深度。

2.2 切削刀具

1. 切削刀具材料特性

刀具要在强力、高温和剧烈摩擦的条件下工作，同时还要承受冲击和振动，因此刀具材料应具备以下性能：

1) 高硬度。硬度越高，耐磨性越好。
2) 良好的红硬性。要求刀具材料在高温下保持良好的硬度性能。
3) 高耐磨性。耐磨性是刀具抵抗切削加工中的磨损的性能，一般来说，刀具材料的硬度越高，耐磨性也越好。
4) 足够的强度和韧性。只有具备足够的强度和韧性，刀具才能承受切削力和切削时产生的振动，以防脆性断裂和崩刃。
5) 一定的工艺性。为便于刀具本身的制造，刀具材料还应具有良好的可加工性能，如机械加工性能、热塑性能、焊接性能和淬透性能等。

2. 常用刀具材料

目前切削加工中常用的刀具材料有碳素工具钢、合金工具钢、高速钢、硬质合金、陶瓷材料、立方氮化硼和金刚石等。

2.3 常用量具

1. 量具的种类

为保证质量，机器中的每个零件都必须根据图样来制造。零件是否符合图样要求，只有经过测量工具检验才知道，这些用于测量的工具称为量具。常用的量具有钢直尺、直角尺、塞规、卡规、百分表、游标卡尺和千分尺等。

2. 量具的保养方法

量具的精度直接影响检测的可靠性，即零件的测量精度，因此必须加强对量具的保养。量具的保养应做到以下几点：

1) 量具在使用前、后必须擦拭干净。
2) 不用精密量具测量毛坯或运动中的工件。
3) 测量时不要用力过猛、过大，不测量温度过高的工件。
4) 不乱扔、乱放量具，更不能把量具当工具使用。
5) 不用不清洁的油洗量具，不给量具用不清洁的油。

6）量具用完后应擦洗干净、涂油，并放入专用的量具盒内（不将量具与工具混放）。

2.4　切削加工零件技术要求

切削加工零件技术要求包括零件的加工精度要求和表面质量要求。

1. 加工精度要求

加工精度是指工件加工后，其尺寸、形状和相互位置等几何参数的实际数值与它们理想几何参数数值相符合的程度。相符合程度越高，亦即偏差（加工误差）越小，则零件加工精度越高。零件加工精度包括尺寸精度、形状精度和位置精度。

尺寸精度是指零件尺寸参数的准确程度，即零件尺寸要素的误差大小。

形状精度是指零件上线、面要素的实际形状与理想形状相符合的程度。

位置精度是指零件上点、线、面要素的实际位置相对于其理想位置的准确度。

2. 加工表面粗糙度要求

表面粗糙度是指零件微观表面高低起伏的程度，也称微观几何不平度，是一种微观几何形状误差。切削加工中，由于零件表面的塑性变形、刃痕、振动以及刀具和工件之间的摩擦，在工件已加工表面上不可避免地要产生微小的峰谷。即使是光滑的磨削表面，放大后也可观察到其具有高低不平的微小峰谷。

3. 表面粗糙度对零件质量的影响

（1）对耐磨性的影响　表面粗糙度使两个零件的实际接触面积比理论接触面积要小，接触比压增大。当压力超过材料的屈服强度时，表面凸峰会产生塑性变形，使表面磨损加剧，从而影响机械的传动效率和零件的使用寿命。但如果表面粗糙度值过小，工作时也会因润滑油被挤出而加快接触面的磨损。因此，需将表面粗糙度值控制在一定范围内。

（2）对疲劳强度的影响　在交变载荷作用下，零件表面微观不平的凹谷易产生应力集中而引起裂纹，甚至断裂，从而降低了零件的疲劳强度。

（3）对耐腐蚀性的影响　零件表面凹凸不平的谷底易储存腐蚀性介质，其腐蚀作用将从谷底深入金属内部。凹谷深度越大，凹谷底部角度越小，腐蚀作用越严重。

（4）对配合性质的影响　表面粗糙度会影响配合性质的稳定性。如对于间隙配合，由于粗糙轮廓的凸峰被磨去，使配合间隙增大；对过盈配合，当采用压入法装配时，其粗糙表面的凸峰被挤平，使实际过盈量减小，致使连接强度降低。

（5）对密封性能的影响　减小零件表面粗糙度值，可增强连接的密封性能（不漏气、不漏油），并使零件表面美观。

4. 表面粗糙度的选用原则

设计零件时，需根据具体条件选择适当的表面粗糙度评定参数及其允许值。表面粗糙度的允许值越小，加工越困难，成本越高。表面粗糙度值常采用类比法确定，选用时可参考以下原则：

1）同一零件上，工作表面的粗糙度值应小于非工作表面的粗糙度值。

2）对于摩擦面，速度越高、单位面积压力越大，表面粗糙度值应越小。特别是滚动摩擦表面，表面粗糙度值要求更小。

3）承受交变载荷的表面以及圆角、沟槽处，为避免应力集中，要求有较小的表面粗糙度值。

4）配合性质要求稳定可靠或公差等级、形位精度要求高的表面或有防腐蚀、密封或装饰性要求的表面，其表面粗糙度值应较小。

5）应注意表面粗糙度值与尺寸公差和几何公差协调。一般，尺寸公差越小，几何公差、表面粗糙度值应越小。公差等级相同时，外表面粗糙度值应小于内表面粗糙度值。

5. 表面粗糙度的测量方法

生产中，测量表面粗糙度常用的方法是比较法，就是将被测表面与表面粗糙度比较样块进行对比，用目测或抚摸、指甲划动等感触判断表面粗糙度值的大小。此法简便易行，适用于车间检验，但它不能确定表面粗糙度的具体数值，故只能用于表面粗糙度值较大时的近似检验。当检验比 $Ra0.1\mu m$ 小的表面粗糙度值时，常采用电动轮廓仪（测量 Ra 值）、双管显微镜、干涉显微镜等测量表面粗糙度的仪器。

为了便于比较，表面粗糙度比较样块的材料、形状及加工方法都应与被测零件相同。也可以从被测零件中挑选样品，仪器测定其表面粗糙度值后，作为表面粗糙度比较样块。

6. 零件的加工精度与表面粗糙度的关系

加工精度要求高时，必须采用一系列高精度的加工方法，结果是零件的表面粗糙度数值很小。相反，如果表面粗糙度值要求小，必须采用一系列的降低表面粗糙度值的加工方法，而表面粗糙度值低的加工方法不一定是高精度的加工方法。

2.5 切削加工实训守则

切削加工时，学生必须经过安全教育完成各机床的操作指导，并认真阅读工程训练中心的各项管理规定及各机床的安全操作规程。其中必须遵守的实训守则如下：

1）进入车间必须注意安全，必须穿戴规定的劳防用品，着装必须符合实训着装规范，如系全钮扣、扎好袖口，长头发女生必须将头发挽到工作帽中等。

2）学生在实训中不许代替他人操作，严禁窜岗，训练现场不准推搡、打闹和围观。上岗操作必须严格遵守操作规程，思想要高度集中，未经允许不得擅自启动机器设备，保证实训安全，杜绝事故发生。

3）明确实训目的，勤学好问、虚心学习，尊重指导教师、指导人员，讲文明、懂礼貌，虚心求教，做到三勤（口勤、手勤、腿勤）。随时总结，提高实训成绩和实训效果，努力掌握专业操作技术。

4）实训期间严格遵守作息时间，严格执行请假制度，遵守实训车间各项规章制度。

5）自觉爱护实训设施、设备，注意节约消耗品。如果违章操作，损坏实训设备，根据情节及后果要照价赔偿。

6）每天实训结束前，必须收拾整理所用设备和工、量具，保持车间整齐卫生。各工种实训结束时均应进行设备、工具的清点，由指导教师验收合格后方可离去。

第 3 章

铸造成形实训报告

说明：本章共分 A、B、C、D 四卷，各专业请参阅下述具体要求，完成本专业相对应的实训报告。（注：A 卷为入门卷，B 卷为基础卷，C 卷为专业卷，D 卷为综合报告卷）

1. 机械类专业（四周）：完成 A 卷、B 卷、C 卷、D 卷。
2. 近机械类专业（三周）：完成 A 卷、B 卷、D 卷。
3. 非机械类专业（二周）：完成 A 卷、D 卷。

A 卷
适用专业：机械类、近机械类、非机械类

3.1 判断题

（注：机械类专业，每题 1 分，共 5 分；近机械类专业，每题 2 分，共 10 分；非机械类专业，每题 3 分，共 15 分）

1. 浇注时，芯砂会受到高温金属液的包围和冲刷，因此要求芯砂比型砂有更好的综合性能（如强度、透气性、耐火性、退让性等）。　　　　　　　　　　　　（　　）
2. 型芯的主要作用是形成铸件的内部型腔或局部复杂外形。　　　　　　　　（　　）
3. 机器造型适用于单件小批量生产，手工造型适用于大批量生产。　　　　　（　　）
4. 砂芯的芯头与铸件的形状无直接关系。　　　　　　　　　　　　　　　　（　　）
5. 模样的外部尺寸应大于铸件的外部尺寸。　　　　　　　　　　　　　　　（　　）

3.2 选择题

（注：机械类专业，每题 1 分，共 5 分；近机械类专业，每题 2 分，共 10 分；非机械类专业，每题 3 分，共 15 分）

1. 在砂型铸造中，铸件的型腔是用（　　）复制出来的。
   A. 零件　　　　　　B. 铸件　　　　　　C. 模样　　　　　　D. 芯盒
2. 单件小批量生产中，制作模样的材料为（　　）。

A. 橡胶　　　　　B. 木材　　　　　C. 铝合金　　　　D. 钢材

3. 手工造型时，舂砂太紧、型砂太湿、起模或修型时刷水过多以及砂型未烘干，铸件易产生（　　）缺陷。

A. 气孔　　　　　B. 砂眼　　　　　C. 夹渣　　　　　D. 冷隔

4. 浇注系统的顺序是（　　）。

A. 外浇口—直浇道—横浇道—内浇口　　B. 直浇道—外浇口—横浇道—内浇口
C. 横浇道—外浇口—直浇道—内浇口　　D. 外浇口—直浇道—内浇口—横浇道

5. 砂芯在砂型中主要靠（　　）进行固定和支撑。

A. 芯头　　　　　B. 芯骨　　　　　C. 芯撑　　　　　D. 胶粘

3.3 填空题

（注：机械类、近机械类专业，每空1分，共10分。非机械类专业，每空3分，共30分）

1. 铸造是将熔化的金属液体_____到与零件形状相似的_____中，待其冷却凝固后，获得一定_____和_____的毛坯件的方法。
2. 铸造生产的特点是_____。
3. 铸造生产方法种类繁多，常见的有两大类：_____和_____。
4. 除砂型铸造之外的其他铸造方法称为_____。
5. 整模造型是指_____是一体的，且都在一个砂箱里，分型面多为_____的造型方法。

3.4 简答题

（注：机械类、近机械类专业，每题5分，共10分；非机械类专业，每题10分，共20分）

1. 标出砂型装配图的各部分名称。

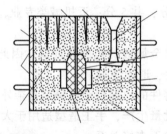

2. 填写手工砂型铸造工艺流程图。

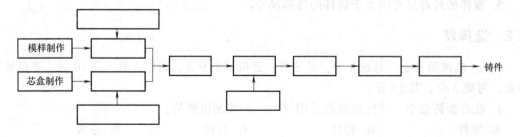

B 卷
适用专业：机械类、近机械类

3.1 判断题

（注：机械类专业，每题1分，共5分；近机械类专业，每题2分，共10分）

1. 为了提高砂型的透气性，应当在上、下砂箱扎通气孔。　　　　　　　　（　　）
2. 横浇道除向内浇道分配金属液外，主要起挡渣的作用。　　　　　　　　（　　）
3. 砂芯中的气体是通过砂芯通气孔排出的。　　　　　　　　　　　　　　（　　）
4. 机器造型只允许有一个分型面。　　　　　　　　　　　　　　　　　　（　　）
5. 铸件的内孔需要加工，则砂芯应大于铸件的内孔。　　　　　　　　　　（　　）

3.2 选择题

（注：机械类专业，每题1分，共5分；近机械类专业，每题2分，共10分）

1. 模样与铸件尺寸的主要差别是（　　）。
   A. 加工余量　　　　B. 收缩余量　　　　C. A+B
2. 零件与铸件尺寸的主要差别是（　　）。
   A. 加工余量　　　　B. 收缩余量　　　　C. A+B
3. 铸件壁太薄，浇注时金属液温度低，铸件易产生（　　）缺陷。
   A. 裂纹　　　　B. 缩松　　　　C. 气孔　　　　D. 浇不足
4. 造型时在型砂中加入木屑、锯末的主要作用是（　　）。
   A. 提高砂型强度　　　　　　　　B. 防止粘砂
   C. 利于烘干砂型　　　　　　　　D. 提高砂型的透气性和退让性
5. 制好的砂型，通常要在型腔表面涂上一层涂料，其目的是（　　）。
   A. 防止粘砂　　　B. 改善透气性　　　C. 增加退让性　　　D. 防止气孔

3.3 填空题（每空1分，共10分）

1. 型砂是由_____、_____、水和_____按一定比例混合制成的。
2. 为了易于取出模样，在制作模样时，凡垂直于分型面的表面都需要做出_____斜度。
3. 在造型时，铸件上各表面的转折处，都要做出过渡性_____，以利于造型及防止铸件应力集中而产生_____。
4. 手工造型舂砂太松、铁液浇注温度过高、型砂耐火性差，易在铸件上产生_____缺陷。
5. 常见的特种铸造方法有_____铸造、_____铸造、_____铸造和金属型铸造等。

3.4 简答题（每题 5 分，共 10 分）

1. 型砂应具备哪些主要的性能？

2. 铸件与零件在形状和尺寸上有何区别？

C 卷
适用专业：机械类

3.1 判断题（每题 1 分，共 5 分）

1. 冒口的主要作用是排气。　　　　　　　　　　　　　　　　　　　　（　　）
2. 在直径相同时，直浇道越长，金属液越易充满型腔。　　　　　　　　（　　）
3. 冲天炉熔炼时，加入熔剂的目的是稀释熔渣，便于熔渣清除。　　　　（　　）
4. 浇包在使用前不用进行烘烤。　　　　　　　　　　　　　　　　　　（　　）
5. 气孔的特征是孔的内壁较光滑。　　　　　　　　　　　　　　　　　（　　）

3.2 选择题（每题 1 分，共 5 分）

1. 上下两面都需要加工的铸件，在制作模样时，上下两面加工余量应该是（　　）。
   A. 上面<下面　　　　B. 上面=下面　　　　C. 上面>下面
2. 冲天炉熔炼时的炉料有（　　）。
   A. 金属炉料、燃料　　　B. 金属炉料、熔剂
   C. 燃料、熔剂　　　　　D. 金属炉料、燃料、熔剂
3. 冲天炉前炉的主要作用是（　　）。
   A. 储存铁液　　B. 净化铁液　　C. 出渣　　D. 储存并净化铁液
4. 合型时，砂芯放置的位置不对或砂芯没有固定好，铸件易产生（　　）缺陷。
   A. 偏芯　　　　B. 气孔　　　　C. 错箱　　　　D. 砂眼
5. 铸铁熔炼最常用的炉子是（　　）。
   A. 电阻炉　　　B. 电弧炉　　　C. 中频炉　　　D. 冲天炉

3.3 标出浇注系统的各部分名称并填空（每空 1 分，共 10 分）

1. 填写各部分组成 1—_____；2—_____；3—_____；4—_____。
2. 外浇口根据形状和容积大小不同，可分为_____形外浇口和_____形外浇

口两种。

3. 增加直浇道的高度可以提高合金的_____。
4. 横浇道的主要作用是_____。
5. 内浇道的主要作用是控制金属液流入型腔的_____和_____。

3.4 简答题（每题5分，共10分）

1. 造型方法主要有哪几种？各适合制作什么样的铸件？

2. 铸铁件、铸钢件、铝合金铸件的浇冒口分别采用什么方法去除？

D 卷
综 合 报 告

(注：机械类专业，共 10 分；近机械类、非机械类专业，共 20 分)

实训工种		实训日期	
实训内容		实训工位	
所用设备名称、型号		所用工具、刀具、量具	

简述实训内容与注意事项

本工种实训考核件名称

D卷

综 合 操 作

第 4 章

焊接成形实训报告

说明：本章共分 A、B、C、D 四卷，各专业请参阅下述具体要求，完成本专业相对应的实训报告。（注：A 卷为入门卷，B 卷为基础卷，C 卷为专业卷，D 卷为综合报告卷）

1. 机械类专业（四周）：完成 A 卷、B 卷、C 卷、D 卷。
2. 近机械类专业（三周）：完成 A 卷、B 卷、D 卷。
3. 非机械类专业（二周）：完成 A 卷、D 卷。

A 卷
适用专业：机械类、近机械类、非机械类

4.1 判断题（每题1分，共20分）

1. AX-320 为交流弧焊机。　　　　　　　　　　　　　　　　　　　　　（　）
2. ZXG-300 为直流弧焊机。　　　　　　　　　　　　　　　　　　　　　（　）
3. 焊条接直流弧焊机的负极，称为正接。　　　　　　　　　　　　　　　（　）
4. 焊条电弧焊的空载电压一般为 220V 或 380V。　　　　　　　　　　　　（　）
5. J507 焊条是碱性焊条。　　　　　　　　　　　　　　　　　　　　　　（　）
6. 坡口的主要作用是保证焊透。　　　　　　　　　　　　　　　　　　　（　）
7. 焊条直径增大时，相应的焊接电流也应增大。　　　　　　　　　　　　（　）
8. 焊条电弧焊时，焊接速度是指单位时间内焊条熔化的长度。　　　　　　（　）
9. 焊接厚度 2mm，形状相同的低碳钢焊件，采用 CO_2 气体保护焊比气焊的变形小。
　　　　　　　　　　　　　　　　　　　　　　　　　　　　　　　　　（　）
10. 氧气瓶上严禁粘上油脂。　　　　　　　　　　　　　　　　　　　　　（　）
11. 焊条电弧焊时，弧长变长，电弧电压增大。　　　　　　　　　　　　　（　）
12. 减压器所能起的作用是降低氧气瓶输出的氧气压力。　　　　　　　　　（　）
13. 氧气切割时，应预先将切割位置附近金属预热到熔点。　　　　　　　　（　）

14. 焊接不锈钢容器，不能采用 CO_2 气体保护焊。　　　　　　　　　　　　（　　）
15. 氧化性气体由于本身氧化性较强，所以不适合作为保护气体。　　　　　（　　）
16. 气体保护焊适用于全位置焊接。　　　　　　　　　　　　　　　　　　（　　）
17. 电渣焊与埋弧焊无本质区别，只是前者使用的电流大些。　　　　　　　（　　）
18. 采用钨极氩弧焊焊接奥氏体不锈钢，接头应具有较高的耐热性和良好的力学性能。
　　　　　　　　　　　　　　　　　　　　　　　　　　　　　　　　　（　　）
19. 熔深大是熔化极氩弧焊的优点之一。　　　　　　　　　　　　　　　　（　　）
20. 整体高温回火是消除残余应力较好的方法。　　　　　　　　　　　　　（　　）

4.2 选择题

（注：机械类、近机械类专业，每题 1 分，共 20 分；非机械类专业，每题 1.5 分，共 30 分）

1. 焊芯的作用是（　　）。
   A. 传导电流，填充焊缝　　　　　　　B. 传导电流，提高稳弧性
   C. 传导电流，保护熔池　　　　　　　D. 保护熔池，提高稳弧性
2. 药皮的主要作用是（　　）。
   A. 保护熔池，填充焊缝　　　　　　　B. 传导电流，提高稳弧性
   C. 保护熔池，提高稳弧性　　　　　　D. 填充焊缝，提高稳弧性
3. 直流弧焊机和交流弧焊机相比其特点是（　　）。
   A. 结构简单，电弧稳定性好　　　　　B. 结构简单，电弧稳定性差
   C. 结构复杂，电弧稳定性好　　　　　D. 结构复杂，电弧稳定性差
4. CO_2 气体具有氧化性，可以抑制（　　）气孔的产生。
   A. N_2　　　　B. CO　　　　C. H_2　　　　D. O_2
5. 焊条电弧焊时，焊接区内的氮主要来源是（　　）。
   A. 药皮　　　　B. 母材　　　　C. 焊接区周围的空气
6. 需要进行消除焊后残余内应力的焊件，焊后应进行（　　）。
   A. 焊后热处理　　B. 高温回火　　C. 正火　　　　D. 正火加回火
7. （　　）不锈钢不会产生淬硬倾向。
   A. 奥氏体　　　　B. 铁素体　　　C. 马氏体
8. 对接焊缝和角接焊缝相比较，其纵向收缩量（　　）。
   A. 大　　　　　　B. 小　　　　　C. 相等
9. 用气焊补焊灰铸铁，其焊缝质量（　　）。
   A. 较差　　　　　B. 最好　　　　C. 较好
10. （　　）用于不受压焊缝的密封性检查。
    A. 水压试验　　B. 煤油试验　　C. 气密性试验　　D. 气压试验
11. （　　）可以测定焊缝金属的抗拉强度值。
    A. 冷弯试验　　B. 抗拉试验　　C. 硬度　　　　　D. 冲击韧度
12. 电弧焊过程中熔化母材的热量主要是（　　）。
    A. 电阻热　　　B. 物理热　　　C. 化学热　　　　D. 电弧热

13. 硫是焊缝金属中有害的杂质之一，当硫以（   ）形式存在时，危害最大。
A. 原子　　　　　B. FeS　　　　　C. SO_2　　　　　D. MnS

14. （   ）的焊缝极易形成热裂纹。
A. 窄而浅　　　　B. 窄而深　　　　C. 宽而浅　　　　D. 宽而深

15. 焊接区内气体的分解将对焊缝质量（   ）。
A. 产生有利影响　　B. 产生不利影响　　C. 无影响

16. CO_2 气体保护焊时，（   ）是短路过渡时的关键参数。
A. 电弧电压　　　B. 焊接电流　　　C. 焊接速度

17. 电渣焊专用的焊剂的牌号为（   ）。
A. HJ431　　　　B. HJ360　　　　C. HJ250

18. 当碳当量（   ）时，焊接性优良。
A. CE<4%　　　　B. CE<6%　　　　C. CE<8%

19. （   ）是防止低合金钢产生裂纹最好的有效措施。
A. 预热　　　　　B. 减小热输入　　C. 采用直流反接电流

20. 采用（   ）方法焊接珠光体耐热钢时，焊前不需要预热。
A. 焊条电弧焊　　B. CO_2 气体保护焊　　C. 氩弧焊

4.3　填空题

（注：机械类、近机械类专业，每空 1 分，共 20 分；非机械类专业，每空 1.5 分，共 30 分）

1. 电焊机的空载电压是_____，工作电压是_____。
2. 电焊条由_____和_____组成。
3. 焊条电弧焊的焊接规范是指_____、_____、_____和_____。
4. 常见的焊接缺陷有_____、_____、_____、_____和_____。
5. 氧乙炔火焰分为_____、_____和_____。
6. 焊接时焊缝的空间位置有_____、_____、_____和_____。

4.4　简答题

（注：机械类、近机械类专业，每题 3 分，共 6 分；非机械类专业，每题 5 分，共 10 分）

1. 试举例说出三种焊接产品。

2. 说明 J422 的含义。

B 卷
适用专业：机械类、近机械类

4.1 根据焊条电弧焊工作系统填写下图（每空1分，共5分）

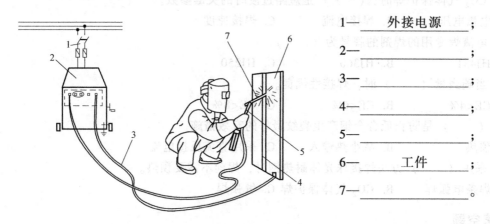

1—__外接电源__；
2—_____；
3—_____；
4—_____；
5—_____；
6—__工件__；
7—_____。

4.2 简答题

（注：机械类专业，每题3分，共9分；近机械类专业，每题5分，共15分）

1. 焊接接头的四种基本形式是什么？

2. 金属材料满足气割的条件是什么？

3. 简述焊接电流对焊缝质量的影响。

C 卷
适用专业：机械类

综合题（10 分）

比较下列焊接方法的应用条件（焊何种材料、批量、焊接尺寸等）。

焊接方法	应用条件和用途
焊条电弧焊	
气焊	
CO_2 气体保护焊	
氩弧焊	

D 卷
综 合 报 告

（注：机械类、近机械类、非机械类专业，共 10 分）

实训工种		实训日期	
实训内容		实训工位	
所用设备 名称、型号		所用工具、 刀具、量具	
简述实训内容与注意事项			
本工种实训考核件名称			

第 5 章

车削加工实训报告

说明：本章共分 A、B、C 三卷，各专业请参阅下述具体要求，完成本专业相对应的实训报告。（注：A 卷为基础卷，B 卷为专业卷，C 卷为综合报告卷）

1. 机械类专业（四周）：完成 A 卷、B 卷、C 卷。
2. 近机械类专业（三周）：完成 A 卷、C 卷。
3. 非机械类专业（二周）：完成 A 卷、C 卷。

A 卷
适用专业：机械类、近机械类、非机械类

5.1 判断题（每题 1 分，共 10 分）

1. 零件的表面粗糙度值越高，它的表面越粗糙。　　　　　　　　　　　　　　　（　　）
2. 车削加工在操作时严禁戴手套。　　　　　　　　　　　　　　　　　　　　　（　　）
3. 切削速度就是指机床主轴的转速。　　　　　　　　　　　　　　　　　　　　（　　）
4. 可以用单动装夹方形工件。　　　　　　　　　　　　　　　　　　　　　　　（　　）
5. 在加工中为了确定工件轴向的定位和测量基准，通常先加工端面。　　　　　　（　　）
6. 高速钢车刀适用于高速车削加工场合。　　　　　　　　　　　　　　　　　　（　　）
7. 镗孔只能在钻孔的基础上进行，不能对已铸或已锻出的孔进行加工。　　　　　（　　）
8. 车床转速加快时，刀具的进给量不发生变化。　　　　　　　　　　　　　　　（　　）
9. 用硬质合金车刀对工件进行精加工时，应选择较低的主轴转速。　　　　　　　（　　）
10. 车削螺纹时，工件每转一周，车刀移动的距离为车床丝杠螺距。　　　　　　　（　　）

5.2 单选题

（注：机械类专业，每题 1 分，共 10 分；近机械类、非机械类专业，每题 2 分，共 20 分）

1. 交换（　　　）手柄可以使车床获得不同的转速。

A. 挂轮箱　　　　　　　　　B. 主轴箱　　　　　　　　　C. 进给箱

2. 车削加工时,如果需要改变主轴转速时,(　　)。

A. 应先减速,再变速

B. 应先停车,再变速

C. 工件旋转时即可直接变速

3. 车床主要适合加工(　　)。

A. 平面类零件　　　　　B. 偏心类零件　　　　　C. 轴、盘、套类零件

4. 滚花时应采用(　　)的切削速度。

A. 较高　　　　　　　　B. 中等　　　　　　　　C. 较低

5. 下列尺寸工件不能在 CA6136 车床上加工的是(　　)。

A. $\phi300mm×500mm$　　B. $\phi400mm×300mm$　　C. $\phi100mm×600mm$

6. 精车时应选择较(　　)的进给量,粗车时应选择较(　　)的进给量。

A. 小 大　　　　　　　B. 大 小　　　　　　　C. 大 大

7. 车端面时,若端面中心处留有凸台,是因为(　　)。

A. 车刀刀尖高于回转中心

B. 车刀刀尖低于回转中心

C. 车刀刀尖等于回转中心

8. 下列的车床通用夹具中可以自动定心的是(　　)。

A. 自定心卡盘　　　　　B. 单动卡盘　　　　　　C. 花盘

9. "对刀"是指使车刀刀尖轻轻接触工件的(　　)。

A. 待加工表面　　　　　B. 过渡表面　　　　　　C. 已加工表面

10. 车床钻孔时,不易出现(　　)。

A. 孔轴线偏斜　　　　　B. 孔径变小　　　　　　C. 孔径变大

5.3　填空题(每空 1 分,共 20 分)

1. 实训中所使用车床的型号是_____,可加工工件的最大回转直径是_____。

2. 中滑板手柄控制_____向进给,床鞍控制_____向进给。

3. 车削加工中,常用的量具有_____、_____和_____。

4. 车削加工指在车床上,工件_____,车刀在平面内做_____或_____运动的切削。

5. 你在实训操作时所用车刀的材料是_____。

6. 应用实训车床车削工件,若工件直径尺寸要求切除 0.4mm,应采取中滑板进_____格。

7. 切削用量三要素是_____、_____和_____。

8. 安装车刀时,车刀刀尖必须与工件中心线_____,可以用_____作为基准来确定刀尖的高度。

9. 你在实训中所操作车床的主轴最高转速是_____,最低转速是_____。

10. 若采用小滑板转位法车削锥角为 30°的锥体,那么小滑板应转动_____。

5.4 简答题（共 30 分）

1. 卧式车床有哪些主要组成部分，请按下图序号标出各相应部分的名称。(10 分)

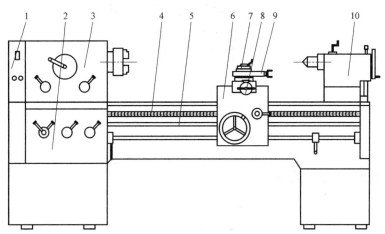

编号	名　　称
1	
2	
3	
4	
5	
6	
7	
8	
9	
10	

2. 操作车床时有哪些注意事项，请列举至少 5 项。(5 分)

3. 按下图序号标出车刀刀头各部分的名称。(6分)

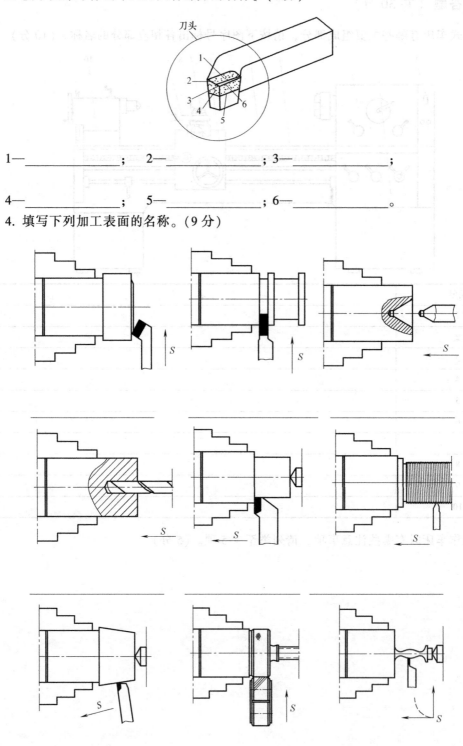

1—_____ ; 2—_____ ; 3—_____ ;

4—_____ ; 5—_____ ; 6—_____ 。

4. 填写下列加工表面的名称。(9分)

B 卷
适用专业：机械类

5.1 单选题（每题1分，共4分）

1. 下列量具中的（　　）可以测量孔的深度。
   A. 外径千分尺　　　　B. 游标卡尺　　　　C. 内径百分表
2. 车削长轴类零件时，要保证其同轴度最好的装夹方法是（　　）。
   A. 自定心卡盘　　　　B. 单动卡盘　　　　C. 双顶尖
3. 切断时，为了减小振动，下列方法正确的是（　　）。
   A. 增加刀头宽度　　　B. 减小进给量　　　C. 提高主轴转速
4. 滚花后的工件直径（　　）滚花前工件的直径。
   A. 小于　　　　　　　B. 大于　　　　　　C. 等于

5.2 综合题（每题8分，共16分）

1. 在车床上加工一直径为 $\phi 35mm$ 的轴，选用毛坯为 $\phi 40mm$ 的圆棒料，并要求一次进给完成。假设切削速度选用 $v_c = 110 m/min$，请计算主轴转速 n 和背吃刀量 a_p。

2. 编写下图所示零件的车削加工工艺过程。

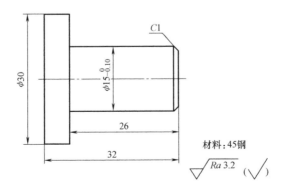

C 卷
综 合 报 告

(注：机械类专业，共10分；近机械类、非机械类专业，共20分)

实训工种		实训日期	
实训内容		实训工位	
所用设备 名称、型号		所用工具、 刀具、量具	
简述实训内容与注意事项			
本工种实训考核件名称			

第6章

铣削加工实训报告

说明：本章共分 A、B、C、D 四卷，各专业请参阅下述具体要求，完成本专业相对应的实训报告。（注：A 卷为入门卷，B 卷为基础卷，C 卷为专业卷，D 卷为综合报告卷）

1. 机械类专业（四周）：完成 A 卷、B 卷、C 卷、D 卷。
2. 近机械类专业（三周）：完成 A 卷、B 卷、D 卷。
3. 非机械类专业（二周）：完成 A 卷、D 卷。

A 卷
适用专业：机械类、近机械类、非机械类

6.1 判断题

（注：机械类专业，每题 1 分，共 5 分；近机械类专业，每题 2 分，共 10 分；非机械类专业，每题 3 分，共 15 分）

1. 在立式铣床上铣斜面，可以用倾斜床头的方式来实现。　　　　　　　　（　　）
2. 在铣床上铣削键槽时，可以不用先钻孔而用键槽铣刀直接加工出键槽。（　　）
3. 周铣法铣削加工主要有三种铣削方式：顺铣、逆铣和对称铣。　　　　（　　）
4. 加工矩形工件时，保证相邻两面垂直的关键在于必须保证工件夹紧。　（　　）
5. 为提高铣削加工效率，只有增大铣削速度和进给量才能完成。　　　　（　　）

6.2 选择题

（注：机械类专业，每题 1 分，共 5 分；近机械类专业，每题 2 分，共 10 分；非机械类专业，每题 3 分，共 15 分）

1. 下列机床中铣床是（　　）。
   A. X5030　　　　　B. Z5125　　　　　C. CA6140　　　　　D. M7130A
2. 下列装置中（　　）不是铣床的常用夹具。
   A. 平口钳　　　　　B. 分度头　　　　　C. 精密平口钳　　　　　D. 回转工作台

3. 键槽加工可以使用（　　）。
　A. 圆柱铣刀　　　B. 角度铣刀　　　C. 凹半圆铣刀　　　D. 三面刃铣刀
4. 下列运动中，（　　）是铣床的主运动。
　A. 刀具的旋转运动　　　　　　　B. 刀具的直线运动
　C. 工件的直线运动　　　　　　　D. 工件的旋转运动
5. 平面加工可以使用（　　）。
　A. 立铣刀　　　B. 凸半圆铣刀　　　C. 模数铣刀　　　D. 角度铣刀

6.3　填空题

（注：机械类、近机械类专业，每空 1 分，共 10 分；非机械类专业，每空 3 分，共 30 分）

1. 铣床铣削的方法有_____和_____两种。
2. 铣削加工的尺寸精度最高为_____，表面粗糙度值最小为_____。
3. 立式铣床的典型型号是_____，卧式铣床的典型型号是_____。
4. 机用平口钳一般用于小型较规则的零件，如较方正的_____类零件、_____类零件、轴类零件和小型支架等。
5. 分度头主轴上固定着齿数为 40 的_____，与之相啮合的为单头_____。生产中最常用的分度头为 FM250 型万能分度头。

6.4　简答题

（注：机械类、近机械类专业，每题 5 分，共 10 分；非机械类专业，每题 10 分，共 20 分）

1. 什么是铣削的主运动和进给运动？

2. 铣削用量包括什么？

B 卷
适用专业：机械类、近机械类

6.1 判断题

（注：机械类专业，每题 1 分，共 5 分；近机械类专业，每题 2 分，共 10 分）

1. 铣床只可以加工 V 形和 T 形两种沟槽。　　　　　　　　　　　　　　（　　）
2. 在立式铣床上不能加工键槽。　　　　　　　　　　　　　　　　　　（　　）
3. 在卧式铣床上安装万能铣头，便可用立铣刀铣斜面。　　　　　　　　（　　）
4. 铣削是一种多刃刀具的超高速切削。　　　　　　　　　　　　　　　（　　）
5. 铣平面时，铣刀的旋转运动不是主运动。　　　　　　　　　　　　　（　　）

6.2 选择题

（注：机械类专业，每题 1 分，共 5 分；近机械类专业，每题 2 分，共 10 分）

1. （　　）不是铣床附件。
   A. 平口虎钳　　　　　B. 跟刀架　　　　　C. 分度头
2. 铣床开车时（　　）变速。
   A. 能　　　　　　　　B. 不能
3. 立铣刀和燕尾槽铣刀都是（　　）。
   A. 带柄铣刀　　　　　B. 带孔铣刀
4. 立铣刀加工沟槽时应采用（　　）的铣削方式。
   A. 顺铣　　　　　　　B. 逆铣
5. 在铣床上加工齿轮时必须使用（　　）。
   A. 平口钳　　　　　　　　　　　　　　B. 分度头
   C. 回转工作台　　　　　　　　　　　　D. 压板

6.3 填空题（每空 1 分，共 10 分）

1. 在机械加工中，铣工的加工范围最广。在铣床上可以加工平面、等分件、球体、_____ 和 _____ 等。
2. 常用的铣床有 _____、_____ 和数控铣床三种。
3. 根据安装方法不同，铣刀分为 _____ 铣刀和 _____ 铣刀两大类。
4. 带柄铣刀多用于立式铣床，按刀柄的形状不同分为 _____ 柄和 _____ 柄两种。
5. 顺铣时，水平切削分力与工件进给方向 _____；逆铣时，水平切削分力与工件进给方向 _____。

6.4 简答题（每题 5 分，共 10 分）

1. 铣削加工的特点有哪些？

2. 简述 4 种带孔铣刀的名称及加工范围。

C卷
适用专业：机械类

6.1 判断题（每题1分，共5分）

1. 带孔铣刀多用于立式铣床。 （ ）
2. 铣刀将靠近待加工表面时，宜使用快速进刀。 （ ）
3. 逆铣比顺铣突出的优点是切削时工件不会窜动。 （ ）
4. 锥柄铣刀在装夹时需用弹簧夹头装夹。 （ ）
5. 分度头手柄转动1周，主轴转动40周。 （ ）

6.2 选择题（每题1分，共5分）

1. 安装带孔铣刀时，应尽可能将铣刀装在刀杆上（   ）。
   A. 靠近铣床主轴
   B. 主轴孔与吊架的中间位置
   C. 不影响切削工件的任意位置
2. 在长方体工件上直接钻孔铣封闭槽时可采用（   ）。
   A. 圆柱形铣刀   B. T形槽铣刀   C. 键槽铣刀
3. 铣削螺旋槽时，不具备（   ）。
   A. 刀具的直线运动   B. 工件的旋转运动   C. 工件的直线运动
4. 在立式铣床上用立铣刀铣圆弧槽，常采用的附件是（   ）。
   A. 平口虎钳   B. 回转工作台   C. 万能铣头
5. 在卧式铣床上用圆柱形铣刀铣平面时，可采用的铣削方式为（   ）。
   A. 对称铣或不对称铣   B. 顺铣或逆铣   C. 周铣或端铣

6.3 综合题（每题10分，共20分）

1. 详细说明周铣法的铣削方式、各自的优缺点及适用范围。

2. 简述矩形工件17mm×17mm×100mm的加工步骤。

D 卷
综 合 报 告

(注：机械类专业，共 10 分；近机械类、非机械类专业，共 20 分)

实训工种		实训日期	
实训内容		实训工位	
所用设备 名称、型号		所用工具、 刀具、量具	
简述实训内容与注意事项			
本工种实训考核件名称			

第 7 章

磨削加工实训报告

说明：本章共分 A、B、C、D 四卷，各专业请参阅下述具体要求，完成本专业相对应的实训报告。（注：A 卷为入门卷，B 卷为基础卷，C 卷为专业卷，D 卷为综合报告卷）

1. 机械类专业（四周）：完成 A 卷、B 卷、C 卷、D 卷。
2. 近机械类专业（三周）：完成 A 卷、B 卷、D 卷。
3. 非机械类专业（二周）：完成 A 卷、D 卷。

A 卷
适用专业：机械类、近机械类、非机械类

7.1 判断题

（注：机械类、近机械类专业，每题 1 分，共 5 分；非机械类专业，每题 3 分，共 15 分）

1. 磨削硬度低、塑性好的有色金属时，砂轮易堵塞，失去切削能力。（　　）
2. 磨削加工是让磨具以较高的线速度对工件表面进行加工的方法。（　　）
3. 加工锥度表面必须用外圆磨床。（　　）
4. 平面磨削时必须利用平口钳装夹工件。（　　）
5. 磨床的运动是液压传动。（　　）

7.2 选择题

（注：机械类专业，每题 1 分，共 5 分；近机械类专业，每题 2 分，共 10 分；非机械类专业，每题 3 分，共 15 分）

1. 下列机床属于磨床的是（　　）。
   A. X6132　　　B. CA6140　　　C. M1432A　　　D. CM1107
2. 磨削主要用于零件的（　　）。

A. 粗加工　　　　B. 精加工　　　　C. 半精加工

3. 磨削适合于加工（　　）。

A. 铸铁及钢　　　B. 软的有色金属　　C. 都适合

4. 下列能用外圆磨床加工的是（　　）。

A. 圆柱体　　　　B. 台阶孔　　　　C. 平面　　　　　D. 槽

5. 下列能用平面磨床加工的是（　　）。

A. 圆锥孔　　　　B. 齿轮齿形　　　C. 花键　　　　　D. 斜面

7.3　填空题

（注：机械类专业，每空 1 分，共 15 分；近机械类、非机械类专业，每空 2 分，共 30 分）

1. 磨床的种类有＿＿＿＿、＿＿＿＿、＿＿＿＿和＿＿＿＿等。
2. 外圆磨削方法有＿＿＿＿、＿＿＿＿和＿＿＿＿三种。
3. 磨削平面时磨削进给量为＿＿＿＿，精磨削进给量为＿＿＿＿。
4. 普通砂轮所用磨料可分为＿＿＿＿、＿＿＿＿和＿＿＿＿三类。其中刚玉类常用磨料有＿＿＿＿和＿＿＿＿等。
5. 砂轮磨料的粒度号越大，磨料颗粒＿＿＿＿。

7.4　简答题

（注：机械类、近机械类专业，每题 5 分，共 10 分；非机械类专业，每题 10 分，共 20 分）

1. 磨削加工有什么特点？

2. 外圆磨床由哪五个部分组成？

B 卷
适用专业：机械类、近机械类

7.1 判断题（每题1分，共5分）

1. 平面磨床只能磨削由钢、铸铁等导磁性材料制造的零件。（　　）
2. 磨削外圆时，工件的转动为主运动。（　　）
3. 磨削加工时必须使用大量的切削液。（　　）
4. 加工淬火工件最主要的方法是磨削。（　　）
5. 磨床工作台采用机械传动，其优点是工作平稳、无冲击振动。（　　）

7.2 选择题

（注：机械类专业，每题1分，共5分；近机械类专业，每题2分，共10分）

1. 磨床的进给运动不包括（　　）。
   A. 工件的旋转　　　　　　　　　B. 工作台的往复运动
   C. 刀具的旋转运动　　　　　　　D. 砂轮的径向进给运动
2. 磨削平面时，主运动是（　　）。
   A. 砂轮的转动　　　　　　　　　B. 工件的直线往复运动
   C. 由工件和砂轮共同完成
3. 磨削硬材料应选用（　　）。
   A. 硬砂轮　　　　B. 软砂轮　　　　C. 两者均可
4. 具有良好冷却性能，但防锈性能较差的切削液是（　　）。
   A. 水溶液　　　　B. 切削油　　　　C. 乳化液
5. 平面磨床电源开启后先启动（　　）开关。
   A. 液压　　　　　B. 磁力　　　　　C. 砂轮　　　　　D. 冷却液

7.3 简答题（每题5分，共10分）

1. 什么是磨料？什么是粒度？

2. 切削液有什么作用？

C 卷
适用专业：机械类

7.1 判断题（每题1分，共5分）

1. 砂轮是由磨粒、结合剂和空隙组成的多空物体。（   ）
2. 磨削外圆时，磨床的前后顶尖均不随工件旋转。（   ）
3. 工件材料的硬度越高，选用的砂轮硬度也应越高。（   ）
4. 砂轮具有一定的自锐性，因此砂轮并不需要修整。（   ）
5. 内圆磨削时，砂轮和工件的旋转方向应相同。（   ）

7.2 选择题（每题1分，共5分）

1. 粒度粗、硬度大、组织疏松的砂轮适合于（   ）。
   A. 精磨 B. 硬金属的磨削
   C. 软金属的磨削
2. 外圆磨削时，砂轮的圆周速度一般为（   ）。
   A. 5~15m/s   B. 30~50m/s   C. 80~100m/s   D. 100~150m/s
3. 磨细长轴外圆时，工件的转速及横向进给量应分别（   ）。
   A. 低 小   B. 高 小   C. 低 大   D. 高 大
4. 磨削加工工件表面粗糙度 Ra 值可达（   ）μm。
   A. 6.3   B. 1.6   C. 3.2   D. 0.4
5. 磨锥体工件时一般采用（   ）。
   A. 平面磨床   B. 平面磨床加上头架
   C. 外圆磨床

7.3 综合题（每题10分，共20分）

1. 试述砂轮的硬度与磨料的硬度有何不同。

2. 砂轮由哪几部分构成？衡量砂轮特性的要素有哪些？

D 卷
综 合 报 告

(注：机械类专业，共 15 分；近机械类、非机械类专业，共 20 分)

实训工种		实训日期	
实训内容		实训工位	
所用设备名称、型号		所用工具、刀具、量具	
简述实训内容与注意事项			
本工种实训考核件名称			

第8章

钳工实训报告

说明：本章共分 A、B、C、D 四卷，各专业请参阅下述具体要求，完成本专业相对应的实训报告。（注：A 卷为基础卷，B 卷为专业卷，C 卷为综合报告卷，D 卷为装配卷）

1. 机械类专业（四周）：完成 A 卷、B 卷、C 卷、D 卷。
2. 近机械类专业（三周）：完成 A 卷、C 卷、D 卷。
3. 非机械类专业（二周）：完成 A 卷、C 卷。

A 卷
适用专业：机械类、近机械类、非机械类

8.1 判断题（每题1分，共10分）

1. 锯削时，起锯角度尽量选得大些。（ ）
2. 交叉锉的切削效率高，常用于精加工。（ ）
3. 高度游标卡尺既可以用来测高又可以用来划线。（ ）
4. 锯削操作时，锯条全部长度都应参与工作，以增加锯条的使用寿命。（ ）
5. 台式钻床属于小型钻床，一般用于加工直径为 12mm 以下的孔。（ ）
6. 选择划线基准时，应尽量使划线基准与设计基准一致。（ ）
7. 锉削外圆弧表面时，锉刀既需要向前推进，又需要绕弧面中心摆动。（ ）
8. 手锯在向回拉的过程中也进行切削，因此也需要施力。（ ）
9. 钻床除了可以钻孔外，还可以进行扩孔、锪孔和铰孔的操作。（ ）
10. 划线时，为了使划出的线条清晰，划针应在工件上反复多次划线。（ ）

8.2 单选题

（注：机械类、近机械类专业，每题 1 分，共 10 分；非机械类专业，每题 2 分，共 20 分）

1. 精锉时，需采用（　　）方式使锉痕变直且纹理一致。
A. 交叉锉　　　　B. 推锉　　　　C. 顺向锉
2. 台虎钳的尺寸规格以钳口的（　　）来表示。
A. 长度　　　　B. 宽度　　　　C. 高度
3. 锯薄壁管应（　　）操作。
A. 从一个方向锯入直至锯断
B. 从一个方向锯入一半，工件反转180°，再从反方向锯断
C. 锯到空心处即止，将工件转一个角度继续锯削，依次进行，直至锯断
4. 锉削平面时，两手对锉刀施的力是（　　）。
A. 变化的　　　　B. 不变的　　　　C. 不一定
5. 读零件图第一步应看（　　），以了解零件概况。
A. 技术要求　　　　B. 零件尺寸　　　　C. 标题栏
6. 检查锉削工件的直线度和平面度常用的方法是（　　）。
A. 线性法　　　　B. 光隙法　　　　C. 最小二乘法
7. 下列孔的加工方法中精度最高的是（　　）。
A. 钻孔　　　　B. 扩孔　　　　C. 铰孔
8. 用刮刀在工件表面刮去一层很薄的金属，可以提高工件的（　　）。
A. 表面粗糙度　　　　B. 强度　　　　C. 耐磨性
9. 当表面已基本锉平时，可用（　　）修光。
A. 油光锉　　　　B. 平锉　　　　C. 圆锉
10. 安装锯条时，应做到（　　）。
A. 锯齿向前　　　　B. 锯齿向后　　　　C. 锯齿向前或向后均可

8.3　填空题（每空1分，共20分）

1. 划线常用的工具有＿＿＿＿、＿＿＿＿和＿＿＿＿。
2. 钳工的基本操作方法有＿＿＿＿、＿＿＿＿、＿＿＿＿、＿＿＿＿和＿＿＿＿。
3. 锯条根据齿距的不同，可分为＿＿＿＿、＿＿＿＿和＿＿＿＿，锯削软材料时，应选用＿＿＿＿齿锯条。
4. 锯条如果安装得过松，容易发生＿＿＿＿。
5. 锉削平面时，可以使用的锉削方法有＿＿＿＿、＿＿＿＿和＿＿＿＿。
6. 划线方法分为＿＿＿＿划线和＿＿＿＿划线。
7. 要加工一个M6×1外螺纹，所用的工具称为＿＿＿＿，该操作方法称为＿＿＿＿。

8.4　简答题

（注：机械类专业，每题5分，共15分；近机械类、非机械类专业，每题10分，共30分）

1. 什么是钳工？按专业不同钳工可以分为哪几种？

2. 试述台虎钳的工作原理。

3. 安装锯条时有哪些注意事项？

B 卷
适用专业：机械类

8.1 单选题（每题1分，共5分）

1. 高度游标卡尺属于一种精密划线工具。 （ ）
2. 钻头直径大于 12mm 时，一般会做成直柄钻头。 （ ）
3. 研磨时的切削余量非常小，是一种精密的加工方法。 （ ）
4. 锯削时，一般手锯的往复长度不小于锯条长度的 1/3。 （ ）
5. 使用钻床钻孔时，为了防止划伤，应戴手套操作。 （ ）

8.2 单选题（每题1分，共5分）

1. 攻螺纹时，每正转 1 圈后要倒转 1/4 圈的目的是（   ）。
   A. 提高精   B. 便于断屑   C. 减少摩擦
2. 划线的精度一般为（   ）。
   A. 0.01~0.25mm   B. 0.25~0.5mm
   C. 0.5~0.75mm
3. 根据零件图样确定划线基准时，应选用图样中（   ）。
   A. 尺寸标注的基准平面或线   B. 工件上任意孔的中心线
   C. 工件上面积最大的平面
4. 手用丝锥中，头锥和二锥的主要区别是（   ）。
   A. 头锥不完整的齿数较多   B. 头锥切削部分较短
   C. 头锥比二锥容易折断
5. 普通钢的圆棒料直径 ϕ15.7mm 时，可套（   ）螺纹。
   A. M14   B. M16   C. M18

8.3 综合题（共10分）

标出下图中轴承座毛坯件的划线基准，并用笔描出划线时应画出的线。

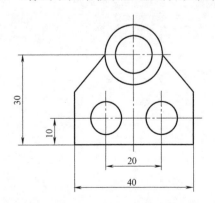

C 卷
综 合 报 告

（注：机械类专业、近机械类专业，共 10 分；非机械类专业，共 20 分）

实训工种		实训日期	
实训内容		实训工位	
所用设备名称、型号		所用工具、刀具、量具	

简述该工种实训方法步骤	
本工种实训考核件名称	

47

D卷 钳工装配实训报告
适用专业：机械类、近机械类
综合报告

（注：机械类专业，共15分；近机械类专业，共20分）

实训工种		实训日期	
实训内容		实训工位	
所用设备名称、型号		所用工具、刀具、量具	

简述实训内容与注意事项	
本工种实训考核件名称	

第 9 章

数控车削加工实训报告

说明：本章共分 A、B、C、D 四卷，各专业请参阅下述具体要求，完成本专业相对应的实训报告。（注：A 卷为入门卷；B 卷为基础卷；C 卷为专业卷；D 卷为综合报告卷）

1. 机械类专业（四周）：完成 A 卷、B 卷、C 卷、D 卷。
2. 近机械类专业（三周）：完成 A 卷、C 卷、D 卷。
3. 非机械类专业（二周）：完成 A 卷、B 卷、D 卷。

A 卷
适用专业：机械类、近机械类、非机械类

9.1 判断题（每题 1 分，共 5 分）

1. 本实训所用数控车床为两轴两联动式，车刀加工时在 XY 平面内运动。（   ）
2. 在机床操作过程中，如遇到危险或紧急情况，应立刻按下"急停"按钮或切断电源。（   ）
3. 数控车床加工时，工件装夹于机床主轴。（   ）
4. G00 与 G01 代码都是直线加工指令。（   ）
5. G01 与 G02 均属于模态代码。（   ）

9.2 选择题（每题 1 分，共 5 分）

1. （   ）可以终止数控程序的运行。
   A. G 代码　　　B. M 代码　　　C. F 代码　　　D. S 代码
2. （   ）可以控制数控车床车刀的更换。
   A. T 代码　　　B. G 代码　　　C. M 代码　　　D. F 代码
3. （   ）代码可以驱动数控车床主轴旋转。
   A. M05　　　　B. G00　　　　C. M30　　　　D. M03

4. 可以用来车削圆弧结构的代码是（   ）。
A. G00   B. G01   C. G02   D. G90

5. （   ）可以指定数控车床车刀在车削时的进给速度。
A. G代码   B. M代码   C. F代码   D. S代码

9.3 填空题（每题1分，共5分）

1. 对于本实训所用数控车床，工件坐标系原点一般设置在工件的轴线与_____（左端面/右端面/外圆面）的交叉点处。

2. G91与G90都属于_____（模态/非模态）代码。

3. 程序段 G02 X__ Z__ R__ 中，R后的参数表示_____。

4. 在机床坐标系下，若车刀当前位置坐标为（30，-15），系统在执行 G91 G01 X10 Z-5 F60 程序段后，刀具的位置坐标将变为_____。

5. 对于本实训所用的数控车床，在工件坐标系下，系统在执行 G91 G03 Z-10 R10 F100 程序段后，车刀移动轨迹所对应的圆心角为_____。

B 卷
适用专业：机械类、非机械类

9.1 判断题

（注：机械类专业，每题 1 分，共 5 分；非机械类专业，每题 2 分，共 10 分）

1. 非模态代码仅对所在程序段起作用，其功能不会自动延续至下一程序段中。（　　）
2. 数控车床的关机顺序为先按"急停"后断电。（　　）
3. 系统默认的 S 代码的单位为 r/s。（　　）
4. 使用 G71 指令时，参数 X 表示回转体在精车工序中单侧的加工余量。（　　）
5. 程序段 G91 G00 X10 Z10 与 G00 U10 W10 的执行结果是相同的。（　　）

9.2 选择题

（注：机械类专业，每题 1 分，共 5 分；非机械类专业，每题 2 分，共 10 分）

1. 使程序结束并复位到起始位置的代码是（　　）。
   A. M05　　　　　B. M04　　　　　C. M02　　　　　D. M30
2. 当使用手摇脉冲发生器对机床进行操作时，工作方式应置为（　　）。
   A. 自动　　　　　B. 手动　　　　　C. 增量　　　　　D. 回零
3. 机床回零时，首先应将工作方式置为回零或回参考点，然后还应按下（　　）键。
   A. +X、-Z　　　B. -X、+C　　　C. -X、+Z　　　D. +X、+Z
4. 机床通电后，（　　）不是系统默认的。
   A. 尺寸单位（mm）　　　　　B. 直径编程
   C. 进给速度单位（mm/min）　　D. 主轴正转
5. 判断本实训所用数控车床的圆弧插补方向时，所依据的观察方向是（　　）。
   A. +Z 方向　　　B. +X 方向　　　C. -X 方向　　　D. +Y 方向

9.3 填空题

（注：机械类专业，每空 1 分，共 5 分；非机械类专业，每空 2 分，共 10 分）

1. MDI 的中文含义是_____。
2. 本实训所用数控车床在执行 M03 指令时，从 Z 轴正方向观察自定心卡盘，其旋转方向为_____（顺/逆）时针。
3. 使用 G71 指令车削外圆面时，循环起点的 X 坐标应_____（≤ 或 ≥）毛坯直径。
4. 程序段 G71 U1 R2 P1 Q2 X-0.5 Z0.1 F60 S400 所表达的是_____（外圆/内孔）结构的粗车复合循环，该零件结构在精车工序期间，车刀的背吃刀量为_____mm。

9.4 简答题

（注：机械类专业，每题 4 分，共 8 分；非机械类专业，第 1 题 5 分，第 2 题 10 分，共 15 分）

1. 简述程序执行自动加工时的操作步骤。

2. 简述如何使数控车床退出超程报警状态。

9.5 综合训练题

（注：机械类专业，每题 5 分，共 10 分；非机械类专业，每题 10 分，共 20 分）

1. 编写如下图所示零件的加工程序。要求：采用 G71 外径粗车复合循环指令编程，并将零件切断。已知：切断刀刀宽 3mm，以左刀尖为刀位点编程。毛坯为 φ45mm×110mm 铝合金棒料。

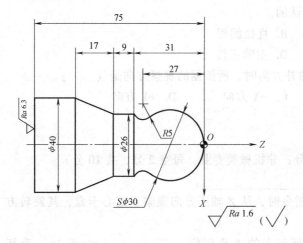

2. 图 9-2 中所示为 φ36mm×90mm 的铝合金，预钻孔直径为 φ18mm，试以此为毛坯编写下图所示零件的加工程序。要求：采用 G71 内径粗车复合循环指令编程，并进行切断，切

断时以切断刀右刀尖点为刀位点编程。

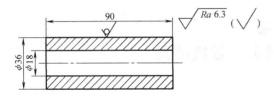

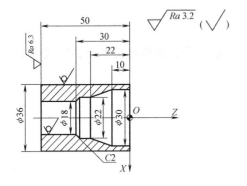

C卷
适用专业：机械类、近机械类

9.1 填空题

（注：机械类专业，完成全部试题，每空1分，共15分；近机械类专业，完成第1～3题，每空3分，共30分）

1. 在系统中输入毛坯尺寸时，四项参数分别为_____、_____、_____和_____。

2. 调用子程序的程序段格式为_____，子程序的结束符为_____；螺纹切削简单循环指令的格式为_____，其中的F代码表示_____，C代码表示_____。

3. 主程序中所调用的子程序可以再调用另一个子程序，称为子程序的_____。

4. 在施加刀尖圆弧半径补偿功能的程序段中，轴移动指令只能是_____或_____代码。

5. 如下图所示，用外圆刀从右向左进给精车工件，若不施加刀尖圆弧半径补偿功能，则车刀车削 AB 段时将_____（过切/欠切/无偏差）；车削 BC 段时将_____（过切/欠切/无偏差）；车削 DE 段时将_____（过切/欠切/无偏差）。

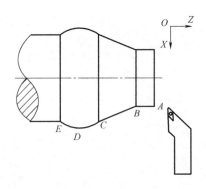

9.2 综合训练题

（注：机械类专业，第1题7分，第2题10分，共17分；近机械类专业，第1题15分，第2题20分，共35分）

1. 采用G71指令与子程序功能编写如下图所示零件的数控加工程序。已知：切断刀刀宽3mm，以左刀尖为刀位点编程，毛坯为 $\phi 36mm \times 80mm$ 的铝合金棒料。

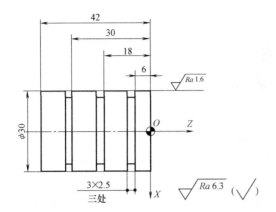

2. 编写如下图所示零件的加工程序。已知：切断刀刀宽 2mm，以左刀尖为刀位点编程，毛坯为 ϕ36mm×100mm 铝合金棒料。

要求：近机械类专业采用 G71 与 G82 指令编程并将工件切断；

机械类专业采用 G71 指令、G82 指令与刀尖圆弧半径补偿指令编程并将工件切断。

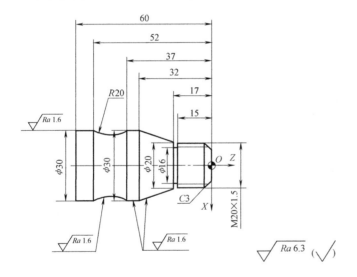

D 卷
综 合 报 告

(注：机械类，近机械类、非机械类专业，共 20 分)

实训工种		实训日期	
实训内容		实训工位	
所用设备 名称、型号		所用工具、 刀具、量具	

简述实训内容与注意事项	
本工种实训考核件名称	

第 10 章

数控铣削加工实训报告

说明：本章共分 A、B、C 三卷，各专业请参阅下述具体要求，完成本专业相对应的实训报告。（注：A 卷为基础卷，B 卷为专业卷，C 卷为综合报告卷）

1. 机械类专业（四周）：完成 A 卷、B 卷、C 卷。
2. 近机械类专业（三周）：完成 A 卷、C 卷。
3. 非机械类专业（二周）：完成 A 卷、C 卷。

A 卷
适用专业：机械类、近机械类、非机械类

10.1 判断题（每题 1 分，共 10 分）

1. G 代码可分为模态 G 代码和非模态 G 代码。 （　）
2. 数控铣削中的 G 代码称为准备功能代码。 （　）
3. G00 代码应在非加工期间使用，以提高加工效率。 （　）
4. 三轴式数控铣床的坐标系是空间直角坐标系，符合右手定则。 （　）
5. 数控铣床在加工时，刀具装夹于机床主轴。 （　）
6. 在系统中新建程序文件时，文件名应以%开头。 （　）
7. 数控机床的编程方式有绝对编程和增量编程。 （　）
8. G92 指令一般放在程序第一段，该指令不引起机床动作。 （　）
9. 执行 G00 的轴向速率根据 F 值指定。 （　）
10. G01 的进给速率，除 F 值指定外，亦可通过操作面板调整按钮变换。 （　）

10.2 单选题（每题 1 分，共 10 分）

1. （　）可以控制数控铣削刀具在加工时的进给速度。
   A. G 代码　　　B. M 代码　　　C. F 代码　　　D. S 代码

2. (　　) 可以指定数控铣削刀具的旋转速度。
   A. G 代码　　　　B. M 代码　　　　C. F 代码　　　　D. S 代码
3. (　　) 可以控制数控铣床主轴旋转运动的启停。
   A. G 代码　　　　B. M 代码　　　　C. F 代码　　　　D. S 代码
4. (　　) 可以加工工件上的直边结构。
   A. G00 代码　　　B. G01 代码　　　C. G02 代码　　　D. G03 代码
5. 在编程坐标系下的 XY 平面内，已知刀具位于点（0，10）处，在执行 G02 X-10 Y0 R-10 F80 程序段后，刀具移动轨迹所对应的圆心角为（　　）。
   A. $3\pi/2$　　　　B. 2π　　　　　C. $\pi/2$　　　　D. π
6. (　　) 可以建立工件坐标系。
   A. M30　　　　　B. G90　　　　　C. G91　　　　　D. G92
7. 程序段 G03 X_ Y_ R_ 中，X、Y 后的参数值表示（　　）。
   A. 圆弧起点坐标值　　　　　　　B. 圆弧终点坐标值
   C. 圆心坐标相对于终点的增量　　D. 圆心坐标相对于铣削起点的增量
8. 程序段 G02 I_ J_ 中，I、J 后的参数值表示（　　）。
   A. 圆弧起点坐标值　　　　　　　B. 圆弧终点坐标值
   C. 圆心坐标相对于铣削终点的增量　D. 圆心坐标相对于铣削起点的增量
9. 数控铣床上，控制刀具从机床原点快速移动到编程原点上应选择（　　）指令。
   A. G01　　　　　B. G02　　　　　C. G00　　　　　D. G03
10. 欲在一块截面 20mm×20mm 的毛坯方料中心建立工件坐标系，已知刀具当前位置如右图所示，则在 O 点建立工件坐标系的程序段应为（　　）。
    A. G92 X-10 Y10 Z0
    B. G92 X10 Y10 Z0
    C. G92 X-10 Y-10 Z0
    D. G92 X10 Y-10 Z0

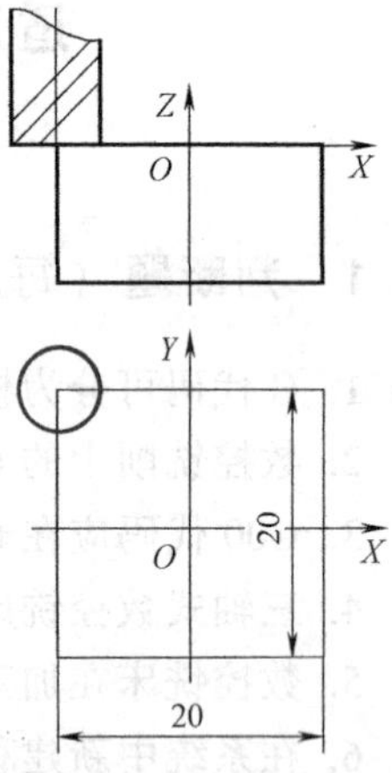

10.3　填空题（每题 1 分，共 10 分）

1. 解除急停状态时，应_____旋转急停按钮。
2. 驱动数控铣床主轴以 800r/min 正转的程序段是_____。
3. 使数控铣床主轴停止旋转的代码是_____。
4. 当某一伺服轴出现超程时，数控面板上_____键指示灯亮，系统视其状态为急停。
5. 在编程坐标系下的 XY 平面内，驱动刀具快速移动至点（1，3）的程序段是_____。
6. G92 X0 Y0 Z10 中的点（0，0，10）称为_____点。
7. G03 I-20 的圆弧圆心角为_____。
8. 在_____运行模式下，机床可以对存储于电子盘中的数控程序进行校验模拟。

9. 立式数控铣床主轴正转时，沿主轴作俯视观察，主轴旋转方向为_____方向。

10. 在编程坐标系下的 XY 平面内，已知：刀具位于点 A，向量 **AB** =（5，-10），可驱动刀具由 A 点快速移动至 B 点的程序段是_____。

10.4 简答题（共 20 分）

1. 简述数控铣床的加工范围。(4 分)

2. 简述数控铣削程序的一般结构，并对每部分的格式或内容作简要说明。(5 分)

3. 简述程序段 G90 G00 X40 Y45 与 G91 G00 X40 Y45 在含义上的区别。(5 分)

4. 在 XY 平面上铣削一个圆弧，起点坐标（30，0），终点坐标（-30，0），半径 R 为 50mm，铣削方向为顺时针，进给速度为 100mm/min，试写出铣削圆弧的程序段指令。（6 分）

10.5 综合训练题

(注:机械类专业,共20分;近机械类、非机械类专业,共30分)

欲在一块 100mm×100mm×30mm 的铝合金立方体毛坯料上分别铣削加工出一个方台与一个圆台,尺寸如下图所示。试根据指导教师指定的刀具尺寸,编写刀具中心轨迹的加工程序。

要求:非机械类专业(两周)编写图 10-2 所示零件的精加工程序;机械类(四周)与近机械类专业(三周)编写刀具中心轨迹的完整加工程序(方台一次铣削,圆台需分两次铣削)。

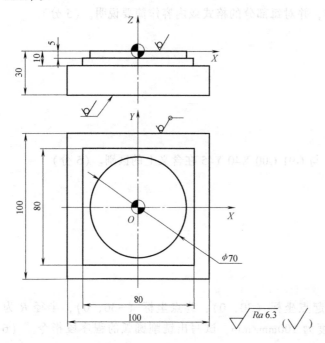

B 卷
适用专业：机械类

综合训练题（20 分）

欲在一块 100mm×100mm×30mm 的立方体铝合金毛坯料上分别铣削加工出一个方台与一个圆台，尺寸如下图所示。试根据指导教师指定的刀具尺寸，结合刀具半径补偿指令与子程序指令，编写加工凸台的完整数控程序。

要求：加工程序应包含粗加工、半精加工与精加工三道工序，并且走刀路线全部为切向切入工件、切向退出工件。

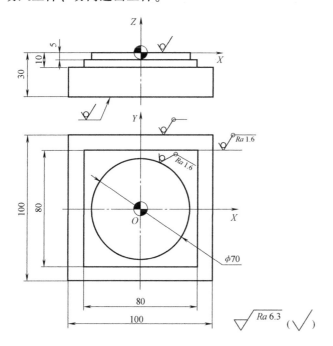

C 卷
综 合 报 告

（注：机械类专业，共 10 分；近机械类、非机械类专业，共 20 分）

实训工种		实训日期	
实训内容		实训工位	
所用设备名称、型号		所用工具、刀具、量具	
简述实训内容与注意事项			
本工种实训考核件名称			

第11章

电火花线切割实训报告

说明：本章共分 A、B 两卷，各专业请参阅下述具体要求，完成本专业相对应的实训报告。（注：A 卷为基础卷，B 卷为综合报告卷）
1. 机械类专业（四周）：完成 A 卷、B 卷。
2. 近机械类专业（三周）：完成 A 卷、B 卷。
3. 非机械类专业（二周）：完成 A 卷、B 卷。

A 卷
适用专业：机械类、近机械类、非机械类

11.1　判断题（每题1分，共5分）

1. 数控电火花快走丝线切割机床一般使用钨丝、钼丝或钨钼合金丝作为电极丝。（　　）
2. 数控电火花线切割机床只能加工薄板工件。（　　）
3. 数控电火花线切割机床在同一条件下进行加工时，快走丝机床的加工速度比慢走丝机床快。（　　）
4. 线切割机床加工时，电极丝的中心轨迹与工件实际轮廓间的偏移量等于电极丝半径与放电间隙之和。（　　）
5. 数控电火花快走丝，线切割机工作台在 X、Y 轴方向的移动由步进电机与滚珠丝杠实现。（　　）

11.2　单选题（每题1分，共5分）

1. 下列型面中，（　　）可用数控电火花线切割机床加工。
   A. 硬质合金件上的方形盲孔　　　　B. 手柄的曲线回转面

C. 淬火钢件上的多边形通孔 D. 光学玻璃上的窄缝

2. 数控电火花线切割机床的加工原理是通过（　　）的形式切割导电工件。

A. 电弧放电 B. 直流放电

C. 交流放电 D. 脉冲放电

3. 数控电火花线切割机床切割工件时的进给运动是通过（　　）实现的。

A. 电极丝做进给运动 B. 工作台做进给运动

C. 电极丝与工作台同时运动

4. 数控电火花线切割机床上，工件与电极丝之间所用的电源是（　　）。

A. 变频电源 B. UPS 电源

C. 脉冲电源 D. 逆变电源

5. 高速电火花数控线切割机床加工时电极丝（　　）。

A. 静止 B. 沿一个方向高速移动

C. 做正、反向交替的高速移动 D. 做正、反向交替的间歇运动

11.3 多项选择题（每题 5 分，共 15 分，错选或漏选均不得分）

1. 数控电火花快走丝线切割机床一般使用钼丝做工具电极，是因为（　　）。

A. 钼材料熔点较高 B. 钼材料导电性好

C. 钼材料价格适中 D. 钼材料韧性好

2. 数控电火花线切割机床在加工时，工作液的作用是（　　）。

A. 冷却工件 B. 使工件与电极丝处于绝缘状态

C. 排除工件残渣 D. 润滑工件

3. 数控电火花线切割工艺解决了很多传统加工难以解决的问题，尤其是在（　　）的加工过程中更具优势。

A. 窄缝产品 B. 小半径产品

C. 带锥度切割 D. 高硬度金属

11.4 填空题（每空 1 分，共 15 分）

1. 电火花线切割按走丝速度可分为 _____ 和 _____ 两类。

2. CTW250 线切割机床由 _____、_____、_____、_____ 和 _____ 五部分组成。

3. 在 CTW250 自动编程系统中，生成路径的基本步骤为：进入"线切割"菜单下的"线切割"项，选择 _____，选择 _____，选取起割点和切入点，确定 _____，双击鼠标右键，再进行"P 处理"，选择 _____，最后确定加工文件的文件名。

4. 数控快走丝电火花线切割在加工时，为获得较好的表面质量和较高的尺寸精度，并保证电极丝不被烧断，应合理选择脉冲参数，并使工件与钼丝之间的放电方式维持在 _____，而不是 _____。

5. 电火花线切割机床加工时，工件接电源 ____ 极，电极丝接电源 ____ 极。

11.5 概念表述题（每题 5 分，共 10 分）

1. 电蚀。

2. 单一串接。

11.6 简答题（每题 10 分，共 30 分）

1. 简述线切割加工工艺的特点与分类。

2. 简述电火花线切割加工中放电的基本原理。

3. 简述在 DOS 系统下 CNC2 加工界面中，"F1"键和"F2"键的主要功能。

B 卷
综 合 报 告

(注：机械类、近机械类、非机械类专业，共 20 分)

实训工种		实训日期	
实训内容		实训工位	
所用设备型号		所用刀具	
简述实训内容与注意事项			
本工种实训考核件名称			

参 考 文 献

[1] 杨树财，张玉华. 工程训练实训报告 [M]. 北京：机械工业出版社，2012.
[2] 何国旗，何瑛，刘吉兆. 机械制造工程训练 [M]. 长沙：中南大学出版社，2012.
[3] 金禧德. 金工实习 [M]. 北京：高等教育出版社，1995.
[4] 王瑞芳. 金工实习 [M]. 北京：机械工业出版社，2011.
[5] 吕烨，许德珠. 机械工程材料 [M]. 北京：高等教育出版社，2008.
[6] 司乃钧，舒庆. 热成形技术基础 [M]. 北京：高等教育出版社，2009.
[7] 童幸生. 材料成形技术基础 [M]. 北京：机械工业出版社，2006.
[8] 司乃钧. 机械加工工艺基础 [M]. 北京：高等教育出版社，1992.
[9] 桂伟，常虹. 数控加工编程与操作综合实训教程 [M]. 武汉：华中科技大学出版社，2011.
[10] 肖珑，赵军华，李晓东，等. 数控车削加工操作实训 [M]. 北京：机械工业出版社，2008.
[11] 罗永新. 数控线切割机床操作与加工技能实训 [M]. 北京：化学工业出版社，2008.

专业_____　　学号_____

班级_____　　姓名_____

成　绩　表

章　节	成　绩	章　节	成　绩
第1章		第7章	
第2章		第8章	
第3章		第9章	
第4章		第10章	
第5章		第11章	
第6章			

总成绩_____